Lucas Goldmann

Elektrochromes Glas

GRIN Verlag

Bibliografische Information der Deutschen Nationalbibliothek:

Die Deutsche Bibliothek verzeichnet diese Publikation in der Deutschen National-
bibliografie; detaillierte bibliografische Daten sind im Internet über http://dnb.d-
nb.de/ abrufbar.

Impressum:

Copyright © 2012 GRIN Verlag GmbH
Druck und Bindung: Books on Demand GmbH, Norderstedt Germany
ISBN: 978-3-656-55352-6

Dieses Buch bei GRIN:

http://www.grin.com/de/e-book/262583/elektrochromes-glas

Universität Erfurt
Erziehungswissenschaftliche Fakultät
Lehrstuhl Technik

Elektrochromes Glas

eingereicht von

Lucas Goldmann

Verfasser: Goldmann, Lucas

eingereicht am: 2012-08-17
Semester: SS 2012
Ort: Erfurt

Kurzzusammenfassung

In dieser Abschlussarbeit geht es um das Thema Glas. In der modernen Architektur ist der Baustoff Glas nicht mehr wegzudenken. Hatte die Verglasung bislang eher ein Schattendasein, entdecken Wissenschaftler und Unternehmen nun, welche Möglichkeiten im Werkstoff Glas stecken. Durch immer größere gläserne Gebäudefronten wird es schwer mit herkömmlichen Sonnenschutzmethoden wie Jalousien die Sonneneinstrahlung zu reduzieren. Die Arbeit befasst sich daher mit der neuen Technologie „elektrochromer Gläser". Dabei wird zuerst einmal geklärt was überhaupt Glas ist. In einem geschichtlichen Überblick werden die wichtigsten Meilensteine der Glasherstellung genannt. Den Kern der Arbeit bildet der Teil zum elektrochromen Glas. Darin werden der Aufbau sowie die Funktionsweise beschrieben. Durch eine technische Analyse soll das System als Ganzes besser verständlich werden.

Inhaltsverzeichnis

Abbildungsverzeichnis

Tabellenverzeichnis

Abkürzungsverzelchnls

°C	Grad Celsius
Ca	Calcium
CaCO	Kalk
CaO	Calciumoxid
cm	Zentimeter
CNC	Computerized Numerical Control
CO$_2$	Kohlenstoffdloxld
DIN	Deutschen Instituts für Normung
EC	elektrochrom
f	Fläche

GmbH	Gewerbe mit beschränkter Haftung
g-Wert	Gesamtenergiedurchlassgrad
h	Stunde
H	Wasserstoff
IS	Ionen speichernde Schicht
K	Kelvin
K	Kalium
KG	Kammergericht
Li	Lithium
m	Meter
M	Molekül
m^2	Quadratmeter
Na	Natrium
Na_2CO_3	Natriumcarbonat (Soda)
Na_2O	Natriumoxid
nm	Nanometer
O	Sauerstoff
PDLC	Polymer Dispersed Liquid Crystal
R_L	Lichtreflexion
SiO_2	Siliziumdioxid (Quarzsand)
SiO_4	4 wertiges Siliziumdioxid
SPD	Suspended Particle Dicices
TE	Transparent leitfähige Schicht
T_L	Lichttransmission
UV	ultraviolett
u-Wert	Wärmedurchgangskoeffizient
V	Volt
v.Ch.	vor Christus
VDI	Verein Deutscher Ingenieure
VO	Vanadiumoxid
W	Watt
WO_3	Wolframoxid
z.B.	Zum Beispiel

1 Einleitung

Das innovative Potential des Glases wurde schon zur Zeit des Kaiser Tiberius argwöhnisch beäugt. So heißt es in einer alten Überlieferung, dass ein Handwerker im antiken Rom ein Glas erfand, welches unzerbrechlich ist. Als er nun dieses dem Kaiser Tiberius in Form einer Vase schenken wollte, fiel sie ihm ausversehen aus der Hand. Sie zersprang dabei nicht, sondern blieb heil. Doch Tiberius argwöhnte, seine kostbaren Vorräte an Gold und Silber würden durch das unverwüstliche Material an Wert verlieren, und ließ den Erfinder kurzerhand töten (Petronius Arbiter Satyricon Buch 1 Kapitel LI 51).

Ob man dieser Geschichte Glauben schenken kann ist auch unter Historikern umstritten. Der Werkstoff Glas führte eher ein Schattendasein. Doch seit einigen Jahren wächst das Potenzial des Glases an. Das deutsche Unternehmen EControl ersetzte die 620 Einzelscheiben des Bundespräsidialamts mit selbst verdunkelnden elektrochromen Fensterscheiben nach dem über Jahre hin der Zustand im Gebäude eher einem Treibhaus glich. Glas wird mehr und mehr zu einem hochtechnisierten Baustoff, der aus unserem täglichen Leben nicht mehr fortzudenken ist. Gerade im Bauwesen der letzten Jahrzehnte spielt Glas eine immer größere Rolle. Die Einsatzbereiche des Glases sind dabei von verschiedenster Form, sei es aus konstruktiver, funktioneller oder architektonischer. Der Werkstoff Glas hat einen festen Platz durch seine Eigenschaften in der modernen Architektur. Gerade die vielfältigen Möglichkeiten, die im Folgenden benannt werden, sind dabei ausschlaggebend für diesen ständig wachsenden Anspruch.

Dazu gehört die Lichtdurchlässigkeit, Farbgebung, Gestaltung, technisch zielgerichteten Funktionen und Effekte, Zweckmäßigkeit und den zuletzt nicht außer Acht zulassende Faktor der Wirtschaftlichkeit (vgl. Petzold, 1990, S.170ff). Die modernen Fertigungstechniken und Materialien lassen mittlerweile Konstruktionen zu, die noch vor Jahren eher undenkbar und als nicht umsetzbar galten. Glas bietet gerade im Gebäudebau eine Vielzahl von Einsatzmöglichkeiten, sei es durch Wärmeschutz, Einbruchschutz, Sicherheit oder dem Schall- und Sonnenschutz. Gerade diese sind ausschlaggebend für den Wohnkomfort und das Wohlbefinden des Hausbewohners. Durch seine Transparenz und Lichtdurchlässigkeit ist Glas als Baustoff im modernen Städtebau nicht mehr wegzudenken.

Diese Abschlussarbeit soll dazu dienen, mehr über den Werkstoff Glas zu erfahren, seine technische Innovation näher zu beleuchten und die Einsatzbereiche technisch zu analysieren. Dabei wird der Fokus verstärkt auf das elektrochrome Glas im Einsatz für Sonnen- und Wärmeschutz gesetzt. Innerhalb der Arbeit soll folgende zentrale Fragestellung geklärt werden: „Welchen Einfluss hat elektrochromes Glas im Gebäudebau?"

„Welches technische Potenzial ergibt sich daraus?" Da die spezielle Funktionsweise meist ein Betriebsgeheimnis der Firmen ist, werde ich versuchen das System „elekrochromer Gläser" auf Grundlage der allgemeinen Techniklehre von H. Wolffgramm technisch zu analysieren. Die Bearbeitung erfolgt im Rahmen einer Literaturrecherche. Dabei werden zum besseren Verständnis zunächst Schlüsselbegriffe wie Glas, Baustoff und Werkstoff definiert. Im Anschluss daran wird der Forschungsstand beschrieben. Da die Entwicklung des Glases eine sehr große Zeitspanne einnimmt, werden die wichtigsten innovativen Meilensteine der Glasherstellung erläutert und beschrieben. Der Hauptteil der Arbeit um-fasst die Entwicklung des elektrochromen Glas, seinen Aufbau und die Funktion, sowie die Wirkgrößen und den momentanen Verwendungsstand. Der bauliche Aspekt hat in der gesamten Arbeit eine untergeordnete Rolle, da das Hauptaugenmerk verstärkt auf dem EC-Glas liegt. Nach Bearbeitung der Fragestellung sollte die Arbeit unter Berücksichti-gung der technischen Möglichkeiten zeigen, inwieweit der Werkstoff Glas und speziell das EC-Glas   Einfluss   auf   den   Gebäudebau   nimmt.

2 Thematische Grundlagen

In dem sich anschließenden Kapiteln werden die zentralen Begriffe der eingangs formulierten Fragestellung, mit denen im Weiteren gearbeitet werden soll, konkretisiert. Dabei geht es vor allem um die Begriffe Werkstoff und Glas. Anschließend wird der Forschungsstand zum Glas bzw. dem Bauwesen beschrieben.

2.1 Begriffsabgrenzung

Der Begriff *Werkstoff* ist wie folgt definiert: „Festkörper, der aus Rohstoffen entweder durch einen physikalische Aufbereitung oder durch chemische Stoffwandlung gewonnen wird. Er dient einerseits als Ausgangsstoff zur Herstellung von Werkstücken, Bauteilen und Fertigerzeugnissen. Andererseits kann er gleichzeitig bei der Produktion des Fertigerzeugnisses synthetisiert werden" (Petzold, Marusch, Schramm, 1990, S.12). Werkstoffe sind allgemeiner formuliert feste Stoffe, die zur Weiterverarbeitung und Herstellung von Maschinen, Werkzeug und Geräten verwendet werden. Sie unterscheiden sich dabei in ihrer Stofflichen Zusammensetzung z.B. einer hohen Festigkeit des Stahls, geringes Gewicht des Aluminiums oder einer guten Leitfähigkeit des Kupfers. Die Werkstoffe werden mittels technischer Verfahren wie Umformen, Gießen, Zerspanen in die gewünschte Form gebracht. Die Grundlage bilden dabei in der Natur vorkommende Rohstoffe z.B. Eisenerze, Mangan, Molybdän- und Wolframerze. Im weiteren Verlauf werden die Begrifflichkeit des Glases kurz erläutern und genauer definiert.

Das Wort *Glas* hat mehrere Bedeutungen. Als Glas oder glasig, bezeichnet man einen bestimmten Stoffzustand. Dieser Zustand weicht allerdings wesentlich von bekannten Zuständen fester Körper z.B. Kochsalz, Zucker aber auch Metall ab. Diese Stoffe sind kristallin und bilden ebene Flächen wie Würfel oder Kristalle. Werden diese gebrochen bilden sie immer neue ebene Flächen. Das Glas hingegen unterscheidet sich ganz charakteristisch von Kristallen. Sie weisen weder eine geordnete noch eine regelmäßige Struktur auf. Bei physikalischen Einflüssen, wie bei einem etwa Bruch bilden sich willkürliche Flächen aus, die oft muschelartiges Aussehen haben. Es gibt aber auch Eigenschaften die, wie Härte oder Formbeständigkeit die beide Stoffgruppen aufweisen. Durch die Thematik der Arbeit ist ebenso die Begrifflichkeit des Baustoffes zu werten. Diese ist wie folgt definiert: „Werkstoff, der im Bauwesen eigesetzt wird bzw. aus Erzeugnissen für das Bauwesen hergestellt werden." Das Baustoff-Glas ist dabei Oberbegriff für die Erzeugnisse, die aus Glas für das Bauwesen verwendet werden. Andere Synonyme für Baustoff-Glas sind Bauglas oder Glasbaustoff.

2.2 Forschungsstand

Glas ist in unserer heutigen Zeit ein sehr beliebter Baustoff. Gerade durch seine Vielseitigkeit ist es aus der Architektur kaum mehr wegzudenken. Glas gibt dem Gebäude von außen und innen einen bestimmten Charakter. Dabei ist es lichtdurchflutend und belebt den Raum mit Tageslicht. Gleichzeitig schafft es nötige Transparenz nach Außen und verleiht dem Inneren die gewisse Ästhetik. Glas hat dabei auch einen erheblichen Einfluss auf die energetischen Eigenschaften des Gebäudes. Da die Fenster im äußeren Teil des Gebäudes liegen, sind sie im Winter wichtig für die innere Wärmespeicherung und sollten dabei wenig bis keine Heizenergie an die äußere Umgebung abstrahlen. Im Sommer dagegen sollen sie die Wärme, die durch die Sonneneinstrahlung entsteht, nicht in das Rauminnere lassen. Der sommerliche Wärmeschutz erlaubt eine passive Solarenergienutzung. Bei einer guten Planung durch Tageslichtnutzung kann man die künstliche Beleuchtung minimieren.

Glas ist ein sehr guter Wärmeleiter. Im Vergleich zum Glas hat eine gedämmte Wand einen u-Wert (Wärmedurchgangskoeffizient) von 0,2...0,3 W/(m²K). Die besten in der Architektur eingesetzten Gläser kommen auf einen u-Wert von 0,6 W/(m²K). Durch diese Vorteile kann man die eindringende Wärmestrahlung im Winter nutzen, um das Gebäude passiv zu wärmen. Doch diese Eigenschaft der hohen Wärmedurchlässigkeit ist im Sommer dagegen sehr ungeeignet. Oft kommt es dann zu einer Überhitzung des Gebäudes. Man hat sprichwörtlich das Gefühl in einem „Gewächshaus" zu sitzen. Dieser Treibhauseffekt tritt dadurch auf, da die kurzwellige Strahlung der Sonne relativ leicht durch das Fenster dringt. Nach der Reflexion der Strahlung an Wänden, Möbeln und anderen Oberflächen, wird diese langwellig. Da aber die langwellige Strahlung nicht mehr so leicht durch die Scheibe gelangt, wie kurzwellige, heizt sich der Raum sehr schnell auf.

Zwar wird der Einsatz von Tageslichtbeleuchtung im Büro vom Personal als angenehmer empfunden als Kunstlicht, vor allem in Hinblick auf die größere Transparenz nach außen. Doch bringt dieser Einsatz auch einen großen Nachteil mit sich. Da das Tageslicht abhängig von zahlreichen Faktoren wie von der Jahreszeit, Tageszeit und dem Wetter ist, sind die Lichtstärken immer unterschiedlich. Technisch ist es aufwändig, unter dem Einfluss von Tageslicht, immer die geeignete Beleuchtungssituation herzustellen (vgl. Jakobiak, 2000, S.67). Beim Kunstlicht kann man die Lichtverhältnisse durch Zu- und Wegschalten einzelner Leuchten die Lichtstärke regulieren. Bei Fenstern dagegen muss beim Tageslichteinfall die Stärke durch Blendschutz- und/oder Lichtlenkeinrichtungen realisiert werde. Durch die Berücksichtigung von lichttechnischen Vorschriften der DIN5034, in der es heißt: „Eine Wohnung gilt als ausreichend besonnt, wenn in ihr mindestens ein Wohnraum ausreichend besonnt wird. Ein Raum gilt als besonnt, wenn Sonnenstrahlen bei einer Sonnenhöhe von mindestens 6 Grad in den Raum einfallen können. [....] Ein Wohnraum gilt als ausreichend besonnt, wenn seine Besonnungsdauer am 17. Januar mindestens 1 h beträgt."(DIN5034-1:1999-10, Tageslicht im Innenraum), kann man auf den Einsatz von Kunstlicht nicht komplett verzichten. Durch den Einsatz des Baustoffes Glas bedarf es einiger Kompromisse zwischen den verschiedenen Zielstellungen Tageslichtnutzung, Wärme- und Kälteschutz, angemessen Baukosten sowie dem architektonischen Anspruch. Um die Sommerproblematik der solaren Einstrahlung ins Gebäudeinnere zu minimieren setzte man bisher nur auf mechanische Elemente wie Jalousien, Fensterläden oder Markisen. Erst seit ein paar Jahren forscht man an dem Einsatz von elektrochromen Gläsern. Diese haben nun ihre Marktreife erreicht und finden schon zahlreich Verwendung im Gebäudebau.

Nachdem kurz auf die Begrifflichkeiten sowie den Forschungsstand eingegangen wurde, geht es nun genauer und vertiefend um den Begriff Glas. Um einen besseren Einblick zu erhalten, wird zunächst ein geschichtlicher Einblick über die wichtigsten Meilensteine der Glasentwicklung gegeben. Danach erfolgt eine genaue Definition des Glas-Begriffes, um dann die Strukturzusammensetzung auf der Grundlage zweier bestehender Theorien zu erläutern.

3 Werkstoff Glas

3.1 Die Geschichte des Glases

Glas, wie wir es im Alltag kennen, ist keine Erfindung der Menschen, sondern eine Kopie der Natur. Naturglas entsteht zum Beispiel bei Blitzeinschlag in sandigen Untergrund. Man spricht dann von Fulguriten. Eine andere Form entsteht durch Vulkanausbrüche. Die Gesteinsmassen schmelzen durch die hohen Temperaturen der Lava zu sogenannten Obsidian. Sogar auf dem Mond fanden Astronauten Naturglas. Wissenschaftler nehmen an, dass Meteoriteneinschläge die Mineralien zu Mondglasperlen schmelzen.

Wann das erste Glas von Menschenhand entstand kann nur vermutet werden. Doch man nimmt an, dass vor etwa 7000 v.Ch. Jahren die Ägypter zufällig bei der Herstellung von Tongefäßen auf Glasstücke stießen (vgl. Staib, 2006, S.10). Dabei wurde der Sand durch das Feuer flüssig und erkaltete zu Glas. Das älteste überlieferte Glasrezept ist mit der Tontafelbibliothek des assyrischen Königs Assurbanipal (669-627 v.Ch.) in Ninive überliefert (vgl. ebd., S.10). Darin heißt es:

"Nimm 60 Teile Sand, 180 Teile Asche aus Meerespflanzen, 5 Teile Kreide - und du erhältst Glas." (vgl. ebd, S.10.)

Dieses Rezept gilt heute als Urzusammensetzung von Glas. Die Ägypter fertigten um 3000 v. Ch. Kunst- und Gebrauchsgegenstände mit Hilfe der Sandkerntechnik an. Dabei wurde ein tonhaltiger Sandkern in eine auf 900 °C erhitzte Schmelzmasse getaucht. Durch die ständige Drehbewegung des Kerns haftete die Glasmasse an der Form. Nach dem Abkühlen des Kerns blieb nur das gewünschte Gefäß übrig. Mit Erfindung der Glasmacherpfeife um 200 v.Ch. durch die syrischen Handwerker, war es nun möglich flüssige Glasklumpen in dünnwandige Hohlgefäße in eine große Formvielfalt zu bringen. Diese Form der Glasherstellung bildet die Vorstufe der Flachglasherstellung.

Mit der Römerzeit wurde das Glas als Raumabschluss eingesetzt. Funde in Villen von Pompeji, Herculaneum und Thermen bestätigen dies. Die Herstellung erfolgte dabei nach der Guss- und Strecktechnik. Das Glas wurde dabei im flüssigen Zustand in Bronze oder Holzrahmen eingelassen und mit Nägeln fixiert. Sie hatten für damalige Verhältnisse mit 30 x 50 cm Höhe und 3 bis 6 cm dicke, eine beachtliche Größe. Durch die voranschreitenden Eroberungszüge nördlich der Alpen wurde Flachglas für die Römer ein wichtiger Baustoff zum Schutz gegen die mitteleuropäische Kälte.

Im Zuge des Hochmittelalters wurde Glas mehr und mehr als Baustoff für Kirchen und Klöster eingesetzt. Große Glashütten hatten ihren Standort meist in waldreichen Regionen, direkt an Flussläufen. Da für die Glasherstellung sehr viel Energie und Asche benötigt wurde, mussten sehr viele Bäume gefällt werden. Das Wasser aus den Flüssen diente als Kühlung für die Schmelze und als Transportmittel für den Sand. War ein Gebiet kahlgeschlagen, zogen die Glasmacher weiter. Da man durch den hohen energetischen Aufwand riesige Waldgebiete rodete, wurde die Glasherstellung vielerorts verboten. Erst mit dem Einsatz von Kohle statt Holz Anfang des 18. Jahrhunderts wurde die Glasherstellung wieder erlaubt. Dies hatte aber auch ein Ende der Waldglashütten zur Folge.

Bis in die frühen Anfänge des 20. Jahrhundert bildete das Zylinderstreck- und Mondgasverfahren in Mitteleuropa die Grundlage der Glasherstellung. Beim Zylinderstreckverfahren wurden die Glaskugeln durch Blasen, Schwenken und Wälzen auf einer Platte zu einem möglichst langen, dünnwandigen Zylinder geformt. Unter Zuhilfenahme eines nassen Eisenstifts klappte der Arbeiter die beiden Enden des gekühlten, spannungsfreien Zylinders und schnitt ihn der Länge nach auf. Im Streckofen wurde das Glaswerkstück erneut erwärmt und mit geeigneten Werkzeugen zu flachen Tafeln gebogen. Die Größe des Zylinders war dabei durch die Lungenkraft des Arbeiters begrenzt. Die damalige maximale Zylinderlänge lag bei 2 m und wies einen Durchmesser von 30 cm auf.

Beim Mondglasverfahren wird der Glaskörper auf die Kopfplatte eines Eisenstabs geklebt. Dabei wird die Glaspfeife abgesprengt und die entstehende Öffnung mit einem heißen Metallstab zu einer Wulst vergrößert. Durch schleudern wird der kelchartige Glaskörper zu einer Scheibe geformt. Der Glasmacher schneidet das nun entstandene Mondglas in kleine Scheiben. Die Formgebung ist dabei je nach Qualität z.B. in Rauten-, Recht- oder Sechseckenform. Das dickste Stück, die sogenannte Butze, stellt das Endprodukt des Verfahrens dar. Das Mondglasverfahren ermöglicht es im Gegensatz zum Zylinderstecksverfahren ebenere, reinere und glänzendere Oberflächen herzustellen. Das Glas hatte diese raue Oberfläche nicht, da es den heißen Ofenboden nicht berührt.

Gerade die Glasmacher in Venedig galten als Vorreiter der Glaskunst. Sie schafften es, durch Beigabe von Asche einer bestimmten Strandpflanze, sowie Mangan und Arsenik als Färbemittel, ein Farbstich freies und nahezu bleifreies Glas herzustellen. Durch das Bestreichen der Glasplatten mit Zinn und Quecksilber entstanden die ersten Spiegel.

Im 17. Jahrhundert stieg die Nachfrage nach Glas enorm, da man jetzt auch im Städte- und Häuserbau den Werkstoff Glas entdeckte und einsetzte. Die damalige Monopolstellung Venedigs, trieb die Glashütten im Norden an, neue Verfahrenstechniken zu entwickeln. Dem Franzosen Bernard Perrot gelang im Jahre 1687 mit der Erfindung des Gussglasverfahrens der entscheidende Schritt. Bei diesem Verfahren wurde die Schmelze auf eine vorgewärmte Kupferplatte gegossen und durch wassergekühlte Metallwalzen zu einer Tafel ausgewalzt. Die deutlich ebeneren Glasplatten wurden mittels Sand und Wasser abgeschliffen und anschließend mit einer Eisenoxidpaste poliert. Das Verfahren wurde zwar deutlich beschleunigt, die Herstellung blieb dennoch teuer.

Mitte der Industriellen Revolution ermöglichte der Siemens-Schmelzofen ab 1856 einen rationelleren Arbeitsablauf, da er nur noch halb so viel Energie benötigte. Somit konnte man die Produktion steigern und gleichzeitig die Kosten für das Glas senken.

Der Amerikaner John H. Lubbers entwickelte um 1900 ein mechanisches Verfahren, mit dem es nun möglich war, Zylinder mit einer Länge von bis zu 12 m und einem Durchmesser von 80 cm herzustellen. Gerade das Umlegen des Glaszylinders von der Senkrechten in die Horizontale bereitete Schwierigkeiten, sowie auch das Aufschneiden und Umformen bis zur gewünschten Glasplatte. Der Durchbruch gelang aber erst mit der Erfindung des Gusswalzverfahrens 1919 durch Max Bicheroux. Hierbei wurde die flüssige Glasmasse zwischen gekühlten Walzen zu einem Glasband geformt. Im noch erwärmten Zustand konnte man nun das Glasband zu Tafeln zurechtschneiden und in den Öfen abkühlen. Mit Hilfe dieser technischen Innovation war es jetzt möglich, Scheibengrößen von 3 x 6 m herzustellen.

Inzwischen hat die Floatglas-Herstellung nahezu alle Verfahren der Flachglas-Produktion ersetzt. Der Glashersteller Pilkington war es, der am 20. Januar 1959 das bahnbrechende, bis heute noch aktuelle Verfahren der Glasherstellung der Weltöffentlichkeit vorstellte. Das Floatglas ist heute die meist verwendete Glasart. Der Name kommt vom englischen Wort „float" für fließen oder schwimmen.

Nach welchen Prinzip die Floatglasherstellung funktioniert wird im weiteren Verlauf der Arbeit kurz erläutert.

3.2 Definition

Im eigentlichen Sinne ist Glas der Überbegriff einer ganzen Reihe von Werkstoffen, die sich in einem sogenannten „glasartigen" Zustand befinden. Unter Glas versteht man in der Wissenschaft folgendes:

„Glas ist ein anorganisches Schmelzprodukt, das im Wesentlichen ohne Kristallisation erstarrt." (Scholz, 1988, S.3)

Glas hat eine amorphe Struktur. Im einfachen Sinne ist Glas eine unterkühlte Schmelze. Der Abkühlvorgang einer Schmelze verläuft so schnell, dass keine geordnete Struktur der Moleküle und Atome einsetzen kann. Die Anordnung der Atome bleibt dabei völlig ungeordnet. Somit baut sich im Glas eine Struktur auf, die letztendlich einer zähen Flüssigkeit entspricht. Dies ist auch der Grund, weshalb der Stoff transparent ist. Glas hat keinen festen Schmelzpunkt, sondern geht beim Erwärmen kontinuierlich von einem festen in den plastischen viskosen und später in den flüssigen Zustand über (vgl. Balkow, 2006, S.60). Silikatgläser besitzen als Basis Siliziumdioxid (SiO_2), wobei als Rohstoff hochreiner

Quarzsand verwendet wird. Als Zusatzstoffe wird beispielsweise Soda, (Natriumcarbonat, Na_2CO_3), Manganoxid und Metalloxide. In der konstruktiven Anwendung im Baubereich verwendet man heute vorwiegend Kalk-Natron-Glas. Die Abbildung 1 zeig noch einmal die Bestandteile für die jeweiligen Gläserarten.

Bestandteil		Anteil in %
Siliciumdioxid	SiO_2	69 - 74
Calciumoxid	CaO	5 - 12
Natriumoxid	Na_2O	12 - 16
Magnesiumoxid	MgO	0 - 6
Aluminiumoxid	Al_2O_3	0 - 3

Abbildung 1: Zusammensetzung von Kalk-Natron-Glas (Quelle: Nölle,19979

3.3 Glasstruktur

Obwohl Glas mit seiner Zusammensetzung schon seit über 7000 Jahren bekannt ist, besteht bei der Strukturzusammensetzung des Aufbaus und der Atome noch eine große Unklarheit. Die ersten Vorstellungen über die strukturelle Zusammensetzung von Gustav Taman, um 1900, waren noch sehr pauschal und einfach gehalten.

Erst in den 20er und 30er Jahren des 19. Jahrhunderts wurden auf Grundlagen von röntgenografischer Untersuchungen zwei noch heute bestehende Theorien aufgestellt: zum einen die Kristallit-Theorie von Lebedow (1921) und zum Anderen die heute noch anerkannte Netzwerktheorie von Zachariasen und Warren (1932/33) (vgl. Lohmeyer, 2001, S.2). Beide Theorien waren gegensätzlicher Art und wurden von ihren Anhängern wie Religionen verehrt. Beide waren es aber, die zur sprunghaften Weiterentwicklung des Glases beitrugen. Aber nur die Netzwerktheorie von Zachariasen und Warren setzte sich bis in die heutige Zeit durch. Ihre Kernaussage war, dass Glas eine dreidimensionale, unregelmäßige Verknüpfung von [SiO4] –Tetraeder (siehe Abbildung 2) aufweist. Somit hat Glas eine vergleichbare Bindungszustand wie ein Kristall. Werden nun in diese Grundstruktur große Kationen, wie z.B. Na- oder Ca-Ionen eingebaut, etwa durch Zusammenschmelzen von SiO2 und Na2Co3 oder CaCO3, kommt es zur Sprengung der die [SiO4]-Tetraeder verbindenden Sauerstoffbrücken (vgl. Lohmeyer, 2001, S.2f). Dabei klafft das Gefüge auseinander und große Hohlräume entstehen. In diese lagern sich nun die großen Kationen als sogenannte „Netzwerkwandler" ein. Beim Fensterglases (Natron-glas) fungiert als Netzwerkwandler das Natrium- bzw. Kaliumoxid und Calciumoxid. Einige Bindungen des Brückensauerstoffs in den [SiO$_4$]-Tetraedern werden dabei von den Ionen aufgebrochen. Anstelle der Atombindung mit dem Silicium geht in diesem Fall der Sauerstoff eine Ionenbindung mit einem Alkaliatom ein. Bei der Reaktion können Zwischenoxide wie Aluminiumoxid und Bleioxid entstehen. Diese können als Netzwerkbildner und Wandler fungieren. Zum besseren Verständnis ist unten die Reaktionsgleichung noch einmal in kompletter Form aufgeführt. Zudem sieht man in dem unten stehenden Abbildung 2 die Tetraeder-Struktur, sowie die schematische Darstellung der Gitterstruktur in Abbildung 3. Die Gleichung zeigt die chemische Zusammensetzung von Fensterglas (Natronglas).

$$6SiO_2 + Na_2CO_3 + CaCO_3 \longrightarrow Na_2O \cdot CaO \cdot 6SiO_2 + 2CO_2$$

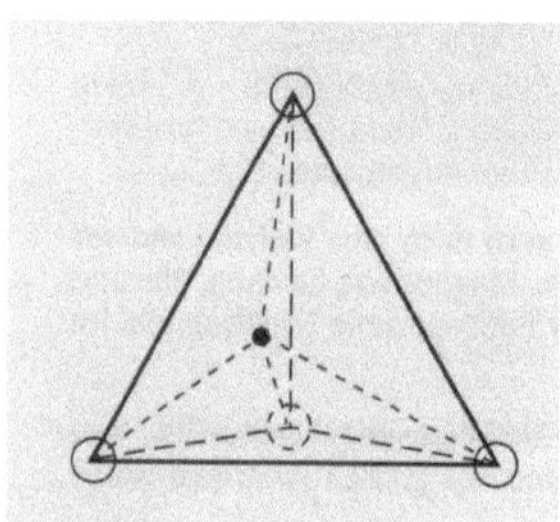

Abbildung: 2 SiO$_4$-Tetreader (Quelle: Glas- Werkstoffkunde)

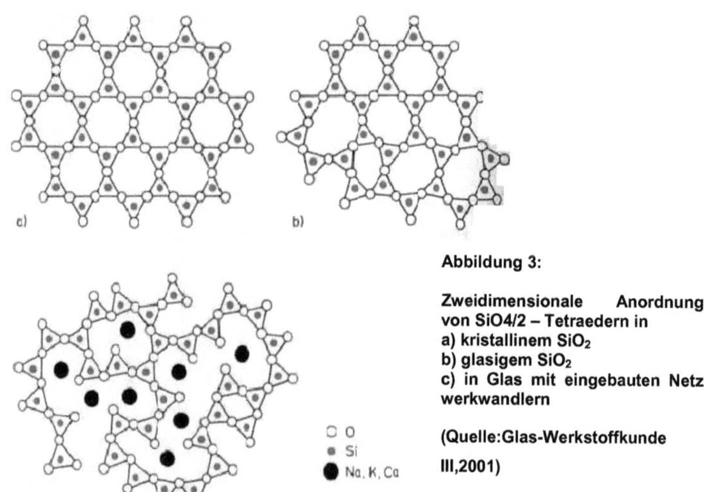

Abbildung 3:

Zweidimensionale Anordnung von SiO4/2 – Tetraedern in
a) kristallinem SiO$_2$
b) glasigem SiO$_2$
c) in Glas mit eingebauten Netzwerkwandlern

(Quelle:Glas-Werkstoffkunde III,2001)

4 Floatglas

Nachdem nun die Struktur des Glases erläutert wurde geht es in diesem Abschnitt um das Floatglas. Das Verfahren zur Herstellung von Glas wird seit den 60er Jahren industriell angewandt. Seither hat diese Methode zur Flachglasherstellung weitgehend alle anderen vorher genutzten Verfahren verdrängt. Inzwischen sind etwa 95% des gesamten Flachglases aller Anwendungsbereiche wie Fensterglas, Autoscheiben und Spiegel aus Produktionen mit Floatglastechnik. Im Folgenden wird der Herstellungsprozess von Floatglas kurz beschrieben.

4.1 Der Herstellungsprozess von Floatglas

Das im Kapitel zur Geschichte des Glases schon einmal erwähnte Floatglas heißt ins Deutsche übersetzt so viel wie „obenauf schwimmen oder treiben". Damit wird schon das eigentliche Prinzip zur Herstellung beschrieben. Der Herstellungsprozess gliedert sich in:

- Schmelzen des Glasgemenges mit anschließendem Läutern (Blasen austreiben) und Homogenisieren (Schlieren beseitigen)
- Zuführen des Glases auf eine Zinnbadoberfläche
- Abkühlen des Glases
- Schneiden und ab stapeln

Das untenstehende Bild zeigt schematisch die Floatglasproduktion im Werk. Das Gemenge welches in die Schmelzwanne gelangt, setzt sich aus 60% Quarzsand, 20% Kalk und Dolomit als Stabilisator sowie 20% Soda und Sulfat als Flussmittel zusammen. Die Schmelzwanne hat in diesem Fall ein Fassungsvermögen von 2000t. Diese Mischung wird bei einer Temperatur von ca. 1550°C flüssig. Im Schmelzprozess werden die Ausgangsstoffe geschmolzen, beim Läuterprozess die Blasen aus der Schmelze getrieben und im Homogenisierungsprozess die Schlieren im Glas beseitigt. Die fertige Glasmasse wird beim Floatverfahren als endloses Glasband aus der Schmelzwanne auf ein Zinnbad gezogen. Die leichtere Schmelze schwimmt auf der Oberfläche des Metalls auf. Durch Oberflächenspannung der Glasschmelze und der planen Oberfläche des Zinnbades bildet sich auf natürliche Weise eine ebenfalls ebene Glasoberfläche. Auf dieser dehnt sich das Glasband zu einer Dicke von 3 mm bis 12 mm aus. Das Glasband zieht sich nun weiter durch den Kühlkanal. Auf einer Länge von 25 m sinkt die Temperatur des Glases von ca. 600°C bis auf Raumtemperatur ab. Die Rollengeschwindigkeit in der Kühlung ist dabei auschlaggebend welche Dicke des Glases am Ende beim Zuschnitt aufweist. Je schneller sich also die Rollen bewegen desto dünner ist auch das Glas. Theoretisch wären somit Dicken von bis zu 35mm möglich. Vom Kühlkanal gelangt das Glasband zur Schneideanlage. Eine CNC-gesteuerte Schneidbrücke teilt das Glasband in Formate z.B. 6,00m x 3,21m. Die zugeschnitten Glasscheiben werden anschließend geprüft, gelagert oder für die Weitertransport verpackt.

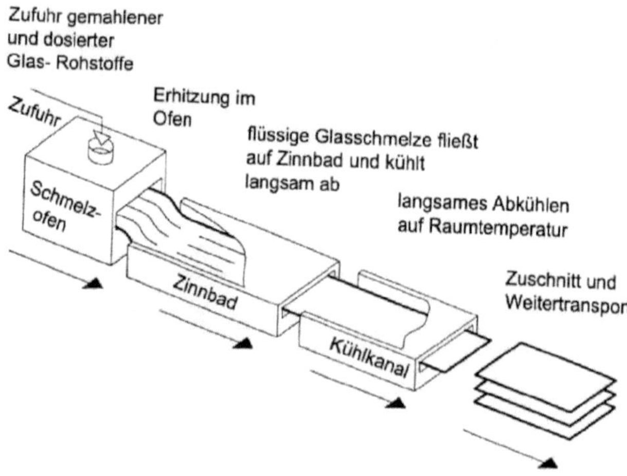

Abbildung 4 Prinzip der Floatglasherstellung (Quelle: itke 27,2006)

Das Floatglas ist Ausgangsprodukt für fast alle veredelten Glasprodukte, wie z.B. beschichtetes Glas, Isolierglas, Einscheiben- und Verbundsicherheitsglas. Im Hauptteil der Arbeit wird nun genauer auf das elektrochrome Glas eingegangen. Dabei soll der Aufbau, die Funktion und Wirkungsweise beschrieben und auf Anwendungsmöglichkeiten eingegangen werden. Folgende Fragen ergeben sich:

Wie funktionieren die schaltbaren Verglasungen?
Wie ist der Entwicklungsstand momentan eingesetzter Technologien?
Welche Effekte, Materialeigenschaften und Kennwerte werden erreicht?
In welchen Bereichen können diese neuen Technologien verwendet werden?

5 Elektrochromes Glas

5.1 Technik elektrochromer Gläser

Das Grundprinzip elektrochromer Gläser (EC) ist schon einige Zeit bekannt. Wissenschaftlich versteht man folgendes unter diesem Prinzip: „Glas oder Spiegelglas wird mit einem funktionalen Schichtverbund versehen. Wird innerhalb dieses Schichtverbundes die elektrische Ladung verschoben, was natürlich am besten durch das Anlegen einer geeigneten Spannung erfolgt, ändern sich die optischen Eigenschaften dieses Verbundes" (Monk u.a., 1995). Einer der stärksten Energieverbraucher in Bürogebäuden sind Heizung, Klimatisierung und Beleuchtung. Während seines Lebenszyklus verbraucht ein Bürogebäude das 12 bis 13-fache der eigentlich errechneten Menge an Energie (vgl. VDI Bericht Nr. 1527, 2000, S.363). In modernen Glasgebäuden ist es meist nicht mehr möglich selbständig ein Fenster zu öffnen. Wenn ein Gebäude fünfmal mehr Energie für Kühlen als für Heizen aufwenden muss, dann ist es als solches nicht mehr wirtschaftlich tragbar. War man früher im Gebäudebau mehr auf Wärme- und Sonnenschutz ausgelegt, ist es aus heutiger Sicht mehr und mehr das Energiemanagement. Der Großteil der Nutzer in einem Bürogebäude aus Glas, wünscht sich eine große sichtbare Menge an Tageslicht und möchte sich dabei aber auch wohlfühlen. Um diesen Zustand bestmöglichst zu erzielen setzt man die Technik der beschichteten Gläser ein. Gerade in der Automobilbranche findet dieses Prinzip schon seit einigen Jahren Verwendung. Durch organische Moleküle, z.B. Viologen, ist es möglich, EC-Automobil-Rückspiegel herzustellen. Sie verringern gerade bei Nachtfahrten automatisch das einfallende Blendlicht. Die Nutzung dieses Effekts wurde über Jahre erforscht. Aber einen gezielten Einsatz im Gebäudebau bis zur Marktreife konnte erst die Firma Flabeg 1999 vorweisen. Damit war es nun möglich die Technik großflächig in Gebäuden anzuwenden. Seitdem gibt es zahlreiche Firmen die das Prinzip für die Herstellung elektrochromer Gläser nutzen und weiterentwickeln. Eines der bekanntesten und häufig eingesetzten EC-Materialien ist Wolframoxid (WO_3). Dieses ändert bei der Reaktion reversibel seine Farbe von Transparent nach Tiefblau, bei der Reduktion von Elektronen und dem gleichzeitigen Einbau von kleinen Ionen, wie Wasserstoff (H^+) oder Lithium (Li^+). Bei der Oxidation und dem Ausbau der Ionen entfärbt sich das Wolframoxid wieder.

5.2 Schichtsysteme

Die Technologie ist sehr vielseitig. Man unterscheidet dabei nach Art der Aktivierung der optischen Schaltung oder nach deren Aufbau von schaltbaren Schichten. Um einen Überblick zu bekommen werde ich kurz auf die einzelnen Schichten eingehen. Weiterführend möchte ich dann speziell auf die für meine Arbeit relevante elektrochrome Schicht eingehen.

Gaschrome oder hydrochrome Schichten besitzen eine Schaltung in Form einer Abdunkelung durch Bestrahlung. Die optische schaltbare Schicht besteht aus Wolframoxid (WO_3). (vgl. www.bine.info) Beim Anlegen einer Spannung kommt es zu der charakteristischen intensiven Blaufärbung. Diese wurde schon kurz in der oben stehenden Gleichung beschrieben. Die Transparenz ist nach der Reaktion noch gewährleistet. Eine gaschrome Wärmeschutzverglasung mit einem U-Wert von 1,0 W/(m²K) erreicht eine Schaltung der Lichttransmission von 0,60 zu 0,15. Der g-Wert sinkt von 0,50 zu 0,15.

Abbildung 5 Gaschrome Verglasung in verschiedenen Schaltstufen a) gebleicht b) teilweise eingefärbt c) stark eingefärbt (Quelle: Frauenhofer ISE / Interpane E&B mbH)

Photochrome Schichten besitzen eine Schaltung, die bei Bestrahlung durch Sonnenlicht das Glas automatisch abdunkelt. (vgl. www.bine.info) Dieses Prinzip findet sich zum Beispiel in selbsttönenden Sonnenbrillen. Wenn auf die Gläser das Sonnenlicht fällt, dunkeln diese in grau oder braun ein. Dieser Effekt kommt durch das UV-Licht zustande. Dadurch kommt es zu reversiblen Übergängen der im Glas eingelagerten Silberhalogeniden (vgl. Wittkopf, 2000, S.364) Der Nachteil bei diesem Schichtprinzip ist bis jetzt die starke Temperaturabhängigkeit, die für die Ein- und Entfärbung benötigt wird.

Ein anderes Prinzip ist **die photoelektrochrome Schicht**. Bei dieser werden die Funktionen und Wirkungsweisen einer elektrochromen Schicht und einer elektrochemischen Solarzelle kombiniert. Die Sonnenstrahlung aktiviert die elekrochrome Schaltung. Beide Systeme stehen dabei in einer Art Wechselwirkung zueinander. Der Ladungstransfer erfolgt über die elektrisch leitende Schicht. Die Wirkweise ist dabei denkbar einfach. Über einen externen Stromkreis wird eine Spannung angelegt, mit deren Hilfe man die Schichten schalten kann. Ist der externe Stromkreis nun geöffnet, färben sich die Schichten unter

Bestrahlung. Diese blaue Färbung ist wiederum bedingt durch das in der Schicht eingelagerte Wolframoxid. Dieser Effekt bleibt aber nur so lang bestehen, wie eine Spannung durch den externen Stromkreis angelagert ist. Das Einfärben ist flächenunabhängig, anders als beim dem elektrochromen System. Ein anderer Vorteil vor allem im Winter liegt darin, dass man durch Schließen des Stromkreises das automatische Abdunkeln der Scheibe unterbinden kann.

Thermochrome oder thermotrope Schichten haben eine Schaltung in Form eines Farbwechsels oder einer weißen Eintrübung (vgl. BINE Informationsdient, themeninfo I/02.) Dieser Effekt entsteht bei der Überschreitung bestimmter Temperaturwerte. Im Moment verwendet man für die thermochrome Schicht Vanadiumoxid (VO), da dieser als Übergansmetall bezeichneter Stoff schon bei einer Temperatur von 65°C von einem metallischen in den Halbleiter-Zustand übergeht. Dabei kommt es zu der milchigen Trübung des Glases. Bei der thermotropen Schicht schaltet das System selbständig. Der Zustand ändert sich dabei von einem transparenten und stark streuenden, zu einem weiß eingetrübten Zustand. Das Funktionsprinzip bei thermotropen Schichten wird bedingt durch Teilchen, die sich klar von anderen in der Umgebung unterscheiden. Vergleichbar ist dieser Effekt mit der Milch. Die in ihr vorkommenden Fetttröpfchen sind deutlich größer als die Wassermoleküle. Somit wird das Licht um ein vielfaches diffuser gestreut, sodass die charakteristische weiße Farbe der Milch entsteht.

Eine weitere Schichtart ist die sogenannte **Polymer-Dispersed Liquid Crystal** kurz PDLC. In der Schicht sind willkürlich orientierte Flüssigkeitskristalle, die das Licht streuen. Sobald elektrische Spannung angelegt wird, kommt es zu einer Orientierung und einheitlichen Anordnung der lichtstreuenden Flüssigkristalle. Wird also eine Spannung angelegt, kommt es zu einer Aufklarung der Scheibe. Aus energetischer Sicht ist das PDLC – System nicht geeignet, da man für einen klaren Zustand des Glases eine dauerhaft elektrische Spannung anlegen muss.

Ein ähnliches Prinzip verfolgt das **Suspended-Particle-Devices** (SPD). Der wesentliche Unterschied liegt darin, dass die sich ausrichtenden Teilchen in eine Richtung stark absorbieren. Dies hat zur Folge, dass die Scheibe im ausgeschalteten Zustand stark abdunkelt. Also genau der gegensätzliche Effekt zur PDLC- Schicht, die aufklart, wenn eine Spannung anliegt.

Ein letztes System sind die sogenannten **schaltbaren Spiegel**. Sie funktionieren nach einem ähnlichen Prinzip wie das schon beschriebene Schaltsystem der gaschromen Schicht. Die schaltbaren Spiegel haben eine Metallhydridbasis, die durch den Kontakt mit Wasserstoff geschalten wird. Sobald die Wasserstoffkonzentration ansteigt, kommt es zu einem Übergang vom metallisch spiegelnden Zustand zu einem transparenten Halbleiterzutand. Das Glas reflektierte vorher 70 % des Lichtes und ist nach der Wasserstoffreaktion in der Lage, 70 % des einfallenden Lichtes durchzulassen. Die nachfolgende Tabelle 1 zeigt noch einmal alle Schichtsysteme im Vergleich. Daraus lässt sich die Durchsicht entnehmen, der momentane Entwicklungsstand sowie die Vor- und Nachteile der Systeme. Nachdem nun ein kleiner Einblick über mögliche Schichtarten am Glas gegeben wurde, soll nun das Funktionsprinzip elektrochromer Gläser genauer betrachtet werden.

Verschiedene schaltbare Schichten und Verglasungen im Überblick								
	Durchsicht		Farbe		Schalthub / Potenzial		Entwicklungs-status	spezifische Vorteile	spezifische Nachteile
	hell	dunkel	hell	dunkel	Sichtbar (Licht)	Solar (Energie)			
Elektrochrom	ja	ja	nein/ gering	ja (blau)	hoch	hoch	Pilotproduktion	Durchsicht bleibt erhalten	Schaltung durch Absorption, Blendungsgefahr
Gaschrom	ja	ja	nein/ gering	ja (blau)	hoch	hoch	Pilotproduktion	Durchsicht bleibt erhalten	Schaltung durch Absorption, Blendungsgefahr
Photochrom	ja	ja	nein/ gering	ja (grau, braun)	hoch	hoch	Produkte (keine Verglasungen!)	Durchsicht bleibt erhalten, hoher Schalthub	Schaltung durch Absorption, Blendungsgefahr, stark temperaturabhängige Schaltgeschwindigkeit
Photo-elektrochrom	ja	ja	nein / gering	ja (blau)	mittel	mittel	Labormuster	Durchsicht bleibt erhalten	Geringe Transmission im hellen Zustand, Blendungsgefahr, Umsetzbarkeit noch nicht absehbar
Thermochrom	ja	ja	ja	ja	gering	gering	Labormuster	schaltet selbsttätig	Geringe Transmission im hellen Zustand, geringer Schalthub, Blendungsgefahr
Thermotrop	ja/ bedingt	nein	nein (weiss)	ja	hoch	hoch	Prototypen	Schaltung selbsttätig, vorw. durch Reflexion	Durchsicht bleibt nicht erhalten; Gießharze: leichte Trübung auch im hellen Zustand
PDLC	ja/ bedingt	nein	nein	ja (weiss)	kein	kein	Produkt	Sichtschutzprodukt, frei erhältlich	Keine Sonnenschutzfunktion, leichte Trübung auch im hellen Zustand
SPD	ja/ bedingt	ja/ bedingt	nein/ gering	ja (blau, schwarz)	hoch	hoch	Prototypen	Durchsicht bleibt weitgehend erhalten	Leichte Trübung auch im hellen Zustand, Blendungsgefahr
HYSWIM (Schaltbare Spiegel)	ja	nein	nein/ gering	nein/ gering	hoch	hoch	Labormuster	Schaltung durch Reflexion	Blendungsgefahr in Reflexion, Umsetzbarkeit noch nicht absehbar

Tabelle 1 Qualitativer Vergleich der verschiedenen Schichten und Schaltung (Quelle: itke 27)

5.3 Elektrochrome Schicht

In meiner technischen Analyse beziehe ich mich auf die Daten und Funktionsweise der Firma EControl-Glas GmbH & Co. KG aus Plauen. Diese forschen schon seit etwa 20 Jahren an der Technologie elektrochromem Glases.

5.3.1 Aufbau und Funktionsweise

Der Aufbau einer elektrochromen Scheibe erfolgt schichtweise. Es wird standardmäßig als Isolierglas angeboten. Durch ihre Eigenschaften gleichen EC einer galvanischen Zelle.

In der Galvanischen Zelle entsteht durch eine spontane Umwandlung von chemischer in elektrische Energie eine Spannung. Das Prinzip des elektrochromen Glas wird wie folgt beschrieben: „Das produktive A und O ist die langzeitstabile Aufbringung von transparenten Elektrodenmaterialien, den Minus- und Plus-Polen und Oxidschichten, die im Falle des Wolframoxids reversibel einen transparenten bis tiefblauen Zustand anzunehmen vermag" (VDI Bericht, 2000, S.364). Die äußere Scheibe ist das schaltbare EControl-Verbundglaselement. Sie ist etwa 9mm dick. Den Kern dieser elekrochromen Sandwichscheibe bildet eine leitfähige Polymerfolie. Sie fungiert als Elektrolyt, bzw. Ionenleiter. Dabei ist sie hoch durchlässig für Ionen und nahezu undurchlässig für Elektronen. Gleichzeitig dient sie als Verbundschicht für beide Scheiben der elekrochromen Einheit. Den Kern des ganzen Glasscheibenverbunds bildet ein mit Edelglas gefüllter, 12-16 mm dicker Scheibenzwischenraum. Die Innenscheibe ist ebenfalls ein 4 mm starkes Floatglas mit einer eingearbeiteten Wärmedämmschicht. (siehe Abb.7.) Der Standardaufbau hat damit insgesamt eine Dicke von 29 mm. Je nach Anwendungsbereich können die Scheiben variabel ausgeführt werden. In Mitten des Aufbaus befindet sich die leitfähige, transparente Polymerfolie. Sie dient dabei als Trennschicht zwischen der Elektrode, die Wolframoxid enthält, und der Gegenelektrode mit enthaltenen Lithiumionen. Doch nun zur eigentlichen Funktion.

Wird eine Spannung mit negativer Polarisierung an einen der beiden transparenten Leiter angelegt, fließen Ionen – je nach Stromrichtung – von der einen in die andere Schicht und bedingt ein ladungsgleichender Elektronenrückfluss über den externen Stromkreislauf (vgl. VDI Bericht, 2000, S.365). Beim EControl-Glas beträgt die Erregerspannung 3 V. Das WO_3 reduziert sich, gleichzeitig diffundieren die Li^+-Ionen durch das ionenleitende Polymer in die WO_3-Schicht der Elektrode. Dort bilden sie mit dem Wolframoxid (WO_x) die sogenannte $LiWO_3$-Farbzentren (siehe Reaktionsgleichung unten). Die nun entstandene Lithium-Interkalationsverbindung ($LiWO_3$) absorbiert das einfallende Licht bzw. reflektiert einen geringen Teil. Beim Anlegen einer negativen Spannung kommt es zu einer Oxidation von Li_xWO_3. Die Li^+-Ionen wandern in die Ionenspeichernde der Gegenelektrode zurück. Dabei lösen sich die Farbzentren auf. Die blaue Farbe verschwindet und das Glas wir wieder durchsichtig.

Reaktionsgleichung für die Verfärbung des Fendsteglas :

$$WO_3 + x\,M^+ + x\,e^- \; \rightleftharpoons \; M_xWO_3 \qquad (M = Li)$$

farblos   intensiv blau gefärbt

Den Ladungsaustausch nennt man circuit memory. Aufgrund der vernachlässigbaren Elektronenleitfähigkeit des Ionen-Leiters bleibt der jeweilige Zustand auch nach Abschaltung der externen Spannung nach Tagen und Wochen stabil. Das bedeutet, dass elektrochrome Gläser nur zur Transmission eine Spannung benötigen, die beim EControl-Glas 3 V beträgt. Man kann sich zum besseren Verständnis das Prinzip des Akkumulators heranziehen. Dieser wird auch durch Ionen entladen und wieder geladen. Es kann aber auch zu falschen Entladungen kommen, wenn der Ladungsfluss nicht richtig gesteuert wird. Man spricht dann vom Memory-Effekt. Durch eine Überladung können die Elektroden zerstört werden. Um dieses Problem zu umgehen sind EC-Gläser mit einem Controller ausgestattet. Dieser hat die Funktion, ein ordnungsgemäßes Laden und Entladen zu gewährleisten. Je nach Aufbau und Größe der Scheibe kann der Endfärbevorgang bis zu einer viertel Stunde dauern. Die Fläche ist dabei ausschlaggebend für einen gleichmäßigen Ladungsfluss. Würde nicht für einen geregelten Teilchenfluss gesorgt werden, dann würde das Wolframoxid unerwünschte blaue Stellen auf dem Glas hinterlassen. Ein Controller sorgt dafür, dass man die Scheibe in fünf Stufen selbstständig regulieren kann. Dies bedeutet, dass man je nach Tageszeit und Lichtverhältnissen die Tönungsstufe individuell anpassen kann. Dieser sogenannte g-Wert bezeichnet den Gesamtenergiedurchlass. Bei großflächigen Verglasungen im Gebäudebau ist ein niedriger g-Wert wichtig. Im Zusammenhang mit der Wärmeschutzverordnung sollte der Fensterflächenanteil (f) etwa 50 % betragen. Das Produkt aus Fensterflächenanteil und g-Wert der Verglasung darf hierbei den Wert 0,25 nicht überschreiten: **g x f < 0,25** (vgl. VDI Bericht, 2000, S.365).

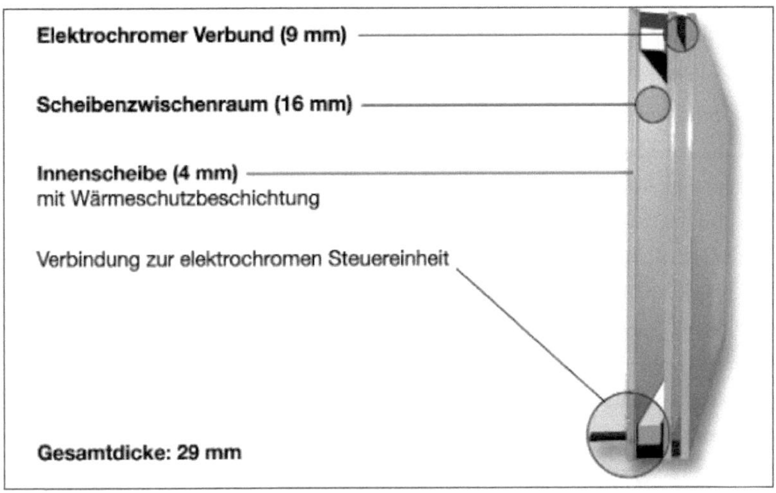

Abbildung 6 Aufbau einer elektrochromen Isolierglasscheibe (Quelle: Flabeg)

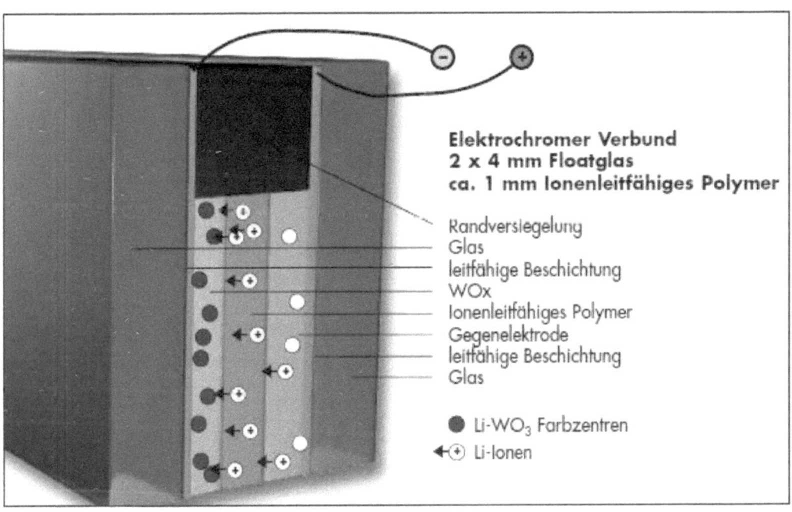

Abbildung 7 Aufbau der elektrochromen Schicht (Quelle: Flabeg)

5.3.2 Physikalische Eigenschafen

Eine herausragende Stärke elektrochromer Gläser ist ihre Transmissionsmodulation. Jedes Glas absorbiert Licht, ebenso die elektrochrome Schicht. Sie filtern dabei die durchgelassene Strahlungsmenge, insbesondere im Bereich der Wärmestrahlung (vgl VDI Bericht, 2000). Die Abbildung zeigt das Transmissionsspektrum einer EC-Scheibe im Standardaufbau. Sind andere Schichtdicken oder zusätzliche Glasschichten verbaut so weichen diese Werte natürlich ab. Auf der gedachten Y-Achse kann man die Prozentwerte der Transmission ablesen. Die X-Achse beschreibt die Wellenlänge in nm. Die elektrochrome Schicht im Glas verursacht, dass der selektive Verlauf des Spektrums über der Wellenlänge des Lichtes liegt. Beim maximalen lichtdurchlässigen Zustand (Kurve 1) liegt das Maximum der Transmission bei einer Wellenlänge von etwa 750 nm, was einer leichten Grünfärbung entspricht. Das menschliche Auge kann nur den mittelwelligen Teil des

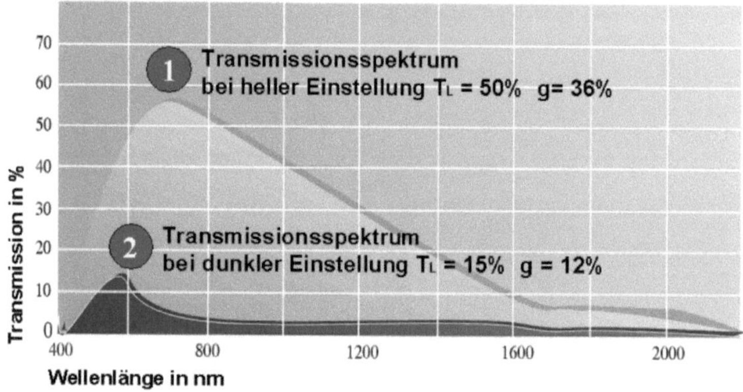

Abbildung 8 Transmissionsspektrum eines EC-Glas (Quelle:Flabeg)

Sonnenlichts zwischen 350 nm bis 780 nm wahrnehmen, aber nicht das langwellige Infrarotlicht zwischen 780-2500 nm und das kurzwellige ultraviolette Licht zwischen 300 bis 350 nm. Das bedeutet, dass im Bereich von 380 nm bis 780 nm nur um die 50 % der Lichttransmission (T_L), bei einem Gesamtenergiedurchlassgrad (g-Wert) von maximal 38 %, in Rauminnere gelangt. Bei der maximalen Abdunkelungsstufe (Kurve 2) liegt das Transmissionsmaximum bei etwa 550 nm. Dadurch entsteht für den Betrachter ein tief dunkelblauer Farbeindruck. In diesem Zustand werden gerade einmal 15% des sichtbaren Lichts sowie 12% der Strahlungsenergie durchgelassen. Die elektrochrome Schicht absorbiert die Sonnenstrahlung und setzt diese in Wärme um. In unseren Breitengraden sind das im Extremfall 88% von gut 1 kW/m^2. Dadurch erwärmt sich der Scheibenverbund entsprechend stark. Bei maximalem Sonneneinfall und idealer Bedingungen (Windstille) sind Temperaturen bis zu 60°C die Folge. Um ein solches Temperaturproblem zu verringern, setzt die Firma EControl-Glas auf eine zusätzliche dünne Isolierglasschicht mit Wärmedämmung. Sie soll gewährleisten, dass die gezielte Abfuhr der Wärmeenergie an die Außenluft ermöglicht wird. Auch die Wetterbedingungen bürgen ein starkes Risiko auf thermische Glasbrüche. Etwa durch Temperaturschwankungen bei Gewittern im Sommer oder durch Schneefall im Winter.

6 Analytische Betrachtungsweise des Systems „elektrochromer Gläser" nach Wolffgramm

In diesem letzten großen Kapitel geht es um eine analytische Betrachtungsweise des gesamten Systems elektrochromer Gläser. Mit Hilfe von H. Wolffgramms Buch, über die „Allgemeine Techniklehre", werden Zusammenhänge von Einflussgrößen und dem System aufgestellt. Durch eine schematische Darstellung energieändernder Vorgänge sowie deren Wirkprinzipe wird das System der EC-Gläser noch verständlicher.

6.1 Technische Analyse nach Wolffgramm

Die technische Analyse eines Systems vom Grundaufbau bis über die Funktionenweise bzw. ihre Struktur und ihr Verhalten, soll zum besseren Verständnis dienen. Sie soll die funktionell-technologischen und die technisch-konstruktiven Merkmale des Systems bestimmen. Dabei werden die ihnen zugrunde liegenden Gesetzmäßigkeiten und Prinzipien aufgedeckt und die inneren Zusammenhänge und der Wirkungsmechanismus verdeutlicht (vgl. Wolffgramm, 2006, S.514). Des Weiteren sollen konstruktive bzw. funktionale Elemente des zu untersuchenden technischen Systems und der zwischen ihnen bestehenden Relationen untersucht werden. Die Relationen oder Kopplungen können stofflicher, energetischer oder informationeller Art sein.

Die Analyse erfolgt dabei nach unterschiedlichen Gesichtspunkten. Je nach Zweck der Betrachtungsweise wird einer der beiden Teil verstärkt betrachtet. Die Beiden Hauptaspekte sind dabei:

- der konstruktive Aufbau
- der funktionelle Aufbau

Jedes technische System hat die Funktion einer gezielten Veränderung von Arbeitsgegenständen. Um diesen gezielten Änderungszustand zu erhalten muss Energie aufgewandt werden. Diese wiederum führen zu der schon angesprochenen Veränderung des Arbeitsgegenstands. Um alles geregelt ablaufen zu lassen und das gewünschte Bearbeitungsziel zu erreichen, ist eine Steuerungsinformation von Nöten.

So lässt sich das technische System in die folgenden drei Bereiche unterteilen:

- den Bearbeitungsteil
- den Energieteil
- den Informationsteil

Dabei realisiert der Bearbeitungsteil den Fluss des Arbeitsgegenstandes. Er kann dabei direkt oder indirekt auf den Arbeitsgegenstand wirken. Je nach Art des Arbeitsgegenstandes kann es stofflich, energetisch oder informell sein. Der Energieteil wird durch den Energiefluss des technischen Systems gekennzeichnet. Der energetische Teil stellt z.B. Hilfsenergie für Kühlvorgänge oder die für Informationen benötigte Energie. Den letzten Bereich bildet der Informationsteil. Dieser erstellt Teilbereiche

6.2 Symboldarstellung energieändernder Vorgänge

Beim elektrochromen Glas wird in der Polymerschicht eine elektrische Spannung induziert und damit elektrische Energie E_{elektr} in chemische Energie E_{chem} umgewandelt. Operationsenergie und Hilfsenergien wird nur zum Reaktionsstart benötigt. Ein Teil der einfallenden Strahlung geht als Wärme Q verloren.

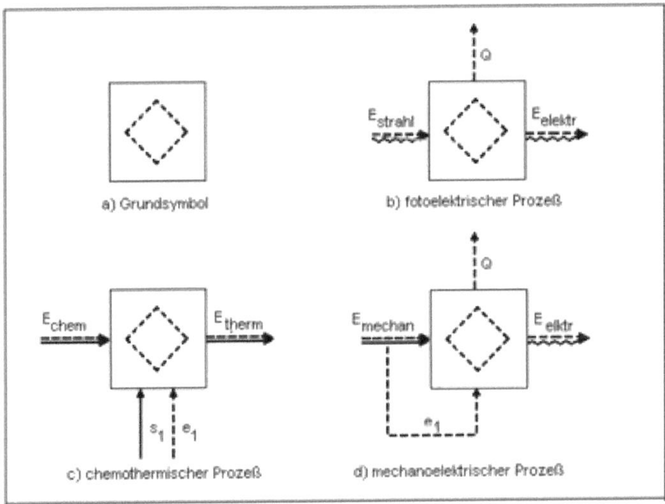

Abbildung 9 Symboldarstellung energetischer Prozesse (Quelle: Wollfgramm, 2000)

6.3   Struktur und Wirkprinzipien energieändernden Grundvorgänge

Wolffgramm definiert das Wirkprinzip wie folgt: „Die energietechnologischen Vorgänge verändern den energetischen Arbeitsgegenstand (den Energieträger), indem sie natürliche Effekte ausnutzen, die durch das Arbeitsorgan des energieändernden technischen Systems zielgerichtet zur Wirkung gebracht werden"(Wolfgramm, 2006, S.248).

Sie weisen dabei drei Strukturelemente auf: den Energieträger (als Arbeitszustand), das Arbeitsorgan des energieändernden System und die energetischen Wirkbedingungen (vgl.ebd.).

Der Wirkfaktor „Verarbeitungseigenschaft des Energieträgers" gliedert sich dabei in drei Komponente auf

- naturgesetzlich-energetische Größe
- technische Größe
- Trägergröße

Zu den *naturgesetzlichen Größen* beim EC-Glas gehören die energetische Antriebsgröße und die energetische Strömungsgröße. In dem Fall würde man hier über den Elektronenstrom bzw. Ionenstrom zwischen den beiden Elektroden sprechen. Bei den *technischen Größen* ist die Lichttransmission (T_L), der Gesamtenergiedurchlass (g-Wert) und die Lichtreflexion (R_L) zu nennen. Die Trägergrößen charakterisieren die Trägerart und die wesentlichen trägerspezifischen Parameter, wie spezifische Wärme, Teilchenfluss.

Die Grundwirkform des Abeitsorgans setzt sich aus Elementen zusammen, die dann als Wirkpaar in Beziehung stehen. Das System, in dem die Schicht zwischen den Glasscheiben des elektrogromen Glases steht, ist ein Elektrode-Gegenelektrode-System. Durch Anlegen einer Spannung kommt es zu einem Ladungsaustausch, der gleichzeitig eine chemische Reaktion zur Folge hat. Der Wirkfaktor energetischer Wirkbedingungen ist auch bei energieändernden Vorgängen, laut Wolfframm, wesentliches Strukturelement (vgl. Wolffgramm, 2006, S.249). Allererdings muss nicht immer Operationsenergie von außen zugeführt werden, da die Systeme selbst die Fähigkeit besitzen Arbeit zu verrichten. Die aufgewendete Energie geht meist durch Nebeneffekte verloren. Am Beispiel des elektrochromen Glas ist dies zum größten Teil Wärmeenergie, die durch die Sonneneinstrahlung entsteht.

Im Folgenden wird der Grundprozess „ elektrochromem Glas" analysiert und in seinen Strukturelementen dargestellt.

6.4 Vorgangsdarstellung „Elektrochromer Gläser" nach Wolffgramm

6.4.1 Prozesscharakteristik

Die Erzeugung von Wärmeenergie ist ein Nebenprodukt der chemischen Reaktion in der elektrochromen Schicht. Diese ist vergleichbar mit dem Funktionsprinzip eines Akkumulators. Wird beim Aufladen elektrische Energie in chemische umgewandelt, ist es beim Anschluss eines Verbrauches genau das Gegenprodukt. Die chemische Energie wird in elektrische Energie zurückgewandelt. Genauso verhält es sich mit dem EC-Glas. Es gehört zur Gruppe des Elektrode-Gegenelektrode-Systems. Dieses macht sich den natürlichen Effekt des elektrochemischen Potenzials zu Nutze. Die Wandlung der elektrischen Energie in chemische Energie und umgekehrt basiert auf Redoxreaktionen, also den Elektronenaustausch. Wird an die Elektrode, die mit Wolframoxid legiert ist, eine positive Spannung induziert, kommt es zur Reaktion mit dem Lithium der Gegenelektrode. Dabei fließen die Elektronen in Flussrichtung des Stromes. Gleichzeitig kommt es zur Bildung des $LiWO_3$-Farbzentren. Eine Blaufärbung des Glases ist die Folge. Legt man nun eine negative Spannung an, so ändert sich wieder die Flussrichtung. Das $LiWO_3$-Farbzentren zerfällt wieder in WO_3 und Li.

Beim elelktrochromen Glas gibt es noch ein weiteres Wirkpaar. Durch die Sonneneinstrahlung auf das Fenster entsteht neben Energie, in Form von Wärme, auch Licht.

6.4.2 Symboldarstellung

Die Symboldarstellung des elektrochromen Glas ist aus folgender Abbildung ersichtlich.

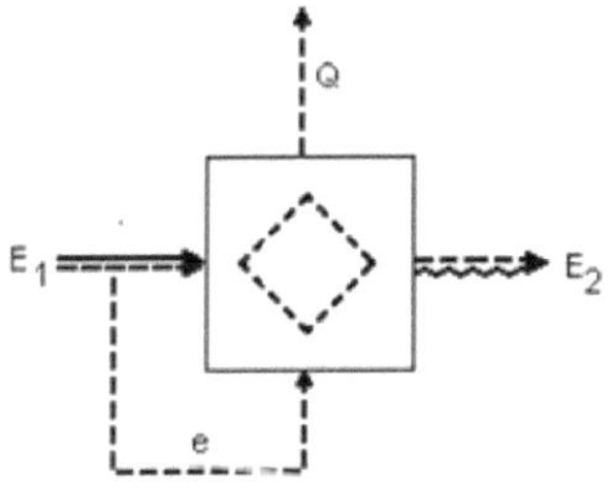

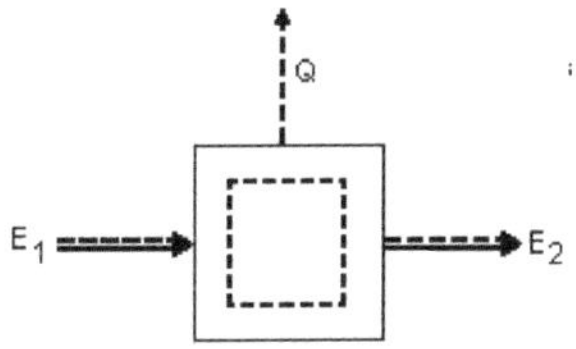

Abbildung 10 E1 Sonnenenergie, E2 Wärmeenergie + Licht

(Quelle: Wolfgramm,2000)

Abbildung 11 E1 elektrische Energie , E2 Chemische Energie, e Erregerstrom von 3V

(Quelle: Wolfgramm,2000)

6.4.3 Wirkfaktor Verarbeitungseigenschaften des Energieträgers

Die Ausgangsenergieart ist, entsprechend dem Wirkprinzip, elektrische Energie. Durch das Anlegen einer Erregerspannung kommt es zum Teilchenfluss zwischen den Elektroden in der Erregerschicht des elektrochromen Glas. Die Glasscheibe ist dabei mit einer transparenten leitfähigen Schicht (TE) und einer ionenspeichernden Schicht(IS) verbunden. Die Polarität der Erregerspannung ist dabei ausschlaggebend ob sich das Glas einfärbt bzw. entfärbt

6.4.4 Wirkfaktor Energetische Wirkbedingungen

Die elektro-chemischen Energiewandlungsprozesse benötigen lediglich einen Erregerstrom (Opperationsenergie) zum Starten des Ladungsaustausches der beiden Schichten im elekrochromen Glas. Für den Transmissionszustand wird ebenfalls Operationsenergie benötigt. Der gefärbte Zustand sowie die Zustände dazwischen sind dabei ohne angelegte Spannung über längere Zeit stabil. Nur für die Änderung des Transmissionszustands, also das Färben oder Entfärben, muss eine Spannung angelegt werden und ein Strom fließen.

7 Zusammenfassung und Fazit

Der Inhalt der Arbeit hat gezeigt, dass der Werkstoff Glas im Gebäudebau immer größere Bedeutung findet. Gerade die technische Innovation der selbst tönenden Gläser ist als neuer technischer Meilenstein der Glasherstellung zu werten.

Mit der beschriebenen Technik der elektrochromen Gläser ist es nun möglich sehr große gläserne Fassadenfronten vor zu hoher Sonneneinstrahlung zu schützen. Musste man früher noch mechanischen Sonnenschutz wie etwa Jalousien oder Rollläden an den Gebäuden anbringen, ist das System nun in der Fensterscheibe selbst integriert. Die eingangs gestellte Frage, welchen Einfluss elektrochromes Glas im Gebäudebau hat, und welches technisches Potenzial sich daraus ergib, wurde in der Arbeit mittels einer Literaturrecherche versucht zu beantworten. Dabei wurde zuerst der Begriff Glas beschrieben und definiert. Glas ist schon in seiner Zusammensetzung und Struktur einzigartig. Je nach Verwendung und technischen Möglichkeiten kann das stoffliche Grundgerüst individuell auf die baulichen Bedürfnisse hin angepasst werden. Glas findet heute in alles Baubereichen Verwendung. Vom Fenster bis zur doppelglasigen Fassade, vom Wintergarten bis zu großen Glashallen. Glaskonstruktionen können heute schon fast in allen bauphysikalischen, konstruktiven und architektonischen Aufgaben erfüllen. Der „neue" alte Werkstoff Glas unterscheidet sich in seinen Eigenschaften, von traditionellen Baumaterialien, wie Stein und Stahl. Dadurch wird er gerade für die Wissenschaft und Ingenieure immer interessanter.

Die klimatischen Bedingungen erlauben es gerade in unseren Breiten verstärkt den Baustoff Glas in der Architektur einzusetzen. Wurde in der Vergangenheit mehr auf den winterlichen Wärmeschutz gesetzt, ist es in der heutigen Zeit in Bürogebäuden oder anderen Nicht-Wohnstädten mehr der sommerliche Wärmeschutz auf den es ankommt. Gerade in Bezug auf einen kontrollierten Einsatz von Tageslicht und Blendstutz, ist die neue technische Innovation der elektrochromen Gläser maßgeblicher Bestandteil für ein angenehmes Raumgefühl. Die neue Art von Fenstergläsern besitzt das Potenzial die auftretenden Temperaturen, die durch die Sonneneinstrahlung entstehen, nutzbar zu machen. Bis jetzt hat es noch keine nennenswerte Technik zur Markreife geschafft. Dadurch sind die Kosten für elekrochromes Glas noch sehr hoch. Der Einsatz von EC-Glas ist momentan eher für gewerbliche Zwecke interessant, denn bis zu einer serienreife der in der Arbeit beschreiben Systeme, kann es noch ein paar Jahre dauern. Die Systemkosten überschreiten noch ein Vielfaches gegenüber herkömmlicher Blend- und Wärmeschutzvorrichtungen. Der Kostenfrage gegenüber steht ein hohes Maß an Einsparpotenzial, dass die elektrochrome Verglasung ermöglicht. Betriebskosten für Heizung oder Klimaanlagen können um ein vielfaches gesenkt werden. Gerade in Zeiten des Klimaschutzes kann ein solches System Vorreiter für weitere technische Innovationen im Glasbau sein. Die Arbeit konnte nur einen Einblick über den technischen Stand und die Funktionsweise der elektrochmer Gläser bieten. Die Firma EControl hat ein Glas entwickelt, dass eine Vielzahl von Möglichkeiten im Wohnungsbau verspricht und diese auch schon bietet. Dis angesprochen Problematik mit dem Raumklima kann auf eine „natürliche" Art erzeugt werden. Die Blaue Farbe soll sich dabei gleichzeitig positiv auf die Leistungsfähigkeit auswirken und ein wohnliches Gefühl verschaffen.

Somit ist festzuhalten, dass elektrochromes Glas in Zukunft mehr und mehr in der Architektur und dem Gebäudebau Einzug halten wird. Die Vorteile gegenüber herkömmlicher Systeme sind um ein Vielfaches größer. Daher ist unterer der Berücksichtigung von Blend- und Wärmeschutz auf längere Sicht kein Vorbeikommen bei Konstruktionen und Planung großflächiger Fassaden aus Glas.

Literaturverzeichnis

Heusing, Sabine. 2009. *Stand der Anwendung der Elektrochromie in der Architektur* [WWW]   *http://www.scidok.sulb.uni-saarland.de/volltexte/2009/2551/pdf/aeg200614.pdf* [Letzter Zugriff: 31/07/12]

Lohmeyer, Sigurd/ u.a. 2001. *Werkstoff Glas III: Kontakt & Studium Band 448. 3., über-* arbeitetet Ausgabe. Renningen : Expert Verlag, 2001.

Monk, P.M.S./Mortimer, R.J./Rosseinski, D.R. 1995. *Electrochromism: Fundamentals and Application.* VCH, Weinheim, New York, 1995.

Nölle, Günther. 1997. *Technik der Glasherstellung 3. Ausgabe.* 3., überarbeitete Ausgabe. Freiberg : WILEY-VCH Verlag GmbH & Co. KGaA, 1997.

Petzold, Armin/ Marusch, Hubert/ Schramm Barbara.1990. *Der Baustoff Glas: Grundlagen, Eigenschaften, Erzeugnisse, Glasbauelemente, Anwendungen 3. Auflage.* 3., vollst. Neu bearb. und erw. Ausgabe. Schorndorf : Verlag für Bauwesen, 1990.

Renno, Dieter/ Hübscher, Martin. 2000. *Glas-Werkstoffkunde 2. Ausgabe.* 2., stark überarbeitete Auflage. Stuttgart : Deutscher Verlag für Grundstoffindustrie, 2000.

Scholze, Horst. 1988. *Glas Natur, Struktur und Eigenschaften Band. 3.,* neuüberarbeitete Auflage. Würzburg : Springerverlag, 1988.

BINE INFORMATIONSDIENST . 2002. *Schaltbare und regelbare Verglasungen* [WWW] http://www.bine.info/fileadmin/content/Publikationen/Themen-Infos/I_2002/themen0102internetx.pdf [Letzter Zugriff: 01/08/12].

VDI Bericht 1525. 2000. *Bauen mit Glas: Tagung Baden-Baden, 1./2. März 2000. 1. Auflage.* Düsseldorf : VDI Verlag GmbH, 2000. Bd. 1.